你想不到的 动物搭档 ③

［英］索菲·科里根　著绘

李艳　译

GUANGXI NORMAL UNIVERSITY PRESS

广西师范大学出版社

·桂林·

NI XIANGBUDAO DE DONGWU DADANG
你想不到的动物搭档

出版统筹：汤文辉　　　　　　　　责任编辑：戚　浩
品牌总监：张少敏　　　　　　　　助理编辑：王丽杰
版权联络：郭晓晨　张立飞　　　　美术编辑：刘淑媛
责任技编：郭　鹏　　　　　　　　营销编辑：张　建

著作权合同登记号桂图登字：20-2023-187 号

图书在版编目（CIP）数据

你想不到的动物搭档：全 3 册/（英）索菲·科里根著绘；李艳译. --桂林：广西师范大学出版社，2024.2
　（神秘岛. 奇趣探索号）
　书名原文：Animal BFFs
　ISBN 978-7-5598-6463-5

Ⅰ．①你… Ⅱ．①索… ②李… Ⅲ．①动物－少儿读物 Ⅳ．①Q95-49

中国国家版本馆 CIP 数据核字（2023）第 197896 号

广西师范大学出版社出版发行

（广西桂林市五里店路 9 号　邮政编码：541004　）
（网址：http://www.bbtpress.com　　　　　　　　　）
出版人：黄轩庄
全国新华书店经销
北京利丰雅高长城印刷有限公司印刷
（北京市通州区科创东二街 3 号院 3 号楼 1 至 2 层 101　邮政编码：101111）
开本：787 mm × 1 092 mm　1/16
印张：11.25　　字数：150 千
2024 年 2 月第 1 版　　2024 年 2 月第 1 次印刷
定价：88.00 元（全 3 册）

如发现印装质量问题，影响阅读，请与出版社发行部门联系调换。

目 录

你好，朋友！

真高兴你能来。

我们正在聊动物之间的关系是怎么让地球生态系统运转的。

在动物王国中，有着你想不到的各种奇妙关系！例如……

郊狼喜欢和獾一起打猎，让彼此节省体力。

食蚜蝇利用警戒拟态模仿黄蜂的颜色来保护自己，而黄蜂却不会受影响。

卷尾鸟学会了灰沼狸在遇到危险时发出的特殊叫声，它会发出假警报，让灰沼狸误以为是自己的同伴发现了危险。等灰沼狸躲进洞里时，卷尾鸟就可以尽情偷取它的食物了。

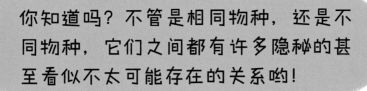

你知道吗？不管是相同物种，还是不同物种，它们之间都有许多隐秘的甚至看似不太可能存在的关系哟！

我们是动物王国里的铁杆好友！

我们是动物王国里的利用者与被利用者！

我们是动物王国里天生的敌人。

动物中的铁杆好友

我们永远是最好的朋友!

欢迎登上动物们的友谊小船!

在这一节中,你会了解有些动物的关系为什么如此亲密,它们为对方做了什么,它们的友谊如何给各自的生活带来好处。

你会发现我们俩都会在树下闲逛、吃零食!我猜你会说我们的爱好非常相似。

你会经常看到我们一起生活，分享餐桌上和餐具里的食物，这是我们之间达成的共识。

郊狼和獾不会一起日光浴，但会一起打猎！

我们擅长团队合作，我们会利用彼此的优势来抓捕猎物，这样做看上去超级酷。

看起来确实很放松……

爪子超酷的"挖洞工"

我更喜欢和獾一起打猎，而不是其他狼！我们相处得很好，它简直是我跨越种族的兄弟，我爱它。

我也一样，打猎时和酷酷的郊狼搭档是最好的选择。郊狼出色的视力有助于我发现可能错过的猎物。再来一只獾反而会妨碍我挖洞！

那双眼睛……还有那对爪子，我们没机会了，对吧？

嘘！快回来！

视力非凡的"草原漫步者"

有趣的事实

* 尽管獾和郊狼会争夺猎物，但它们各自出色的捕猎技巧使合作很成功。獾能闻到藏在地洞里的猎物，而郊狼能发现地面上的猎物。獾和郊狼的关系如此和谐、互利，以至于与单独行动相比，两者合作可以多捕获三分之一的猎物。

* 獾会在地上追捕猎物，让猎物跑向守株待兔的郊狼！有时双方会互换角色合作——郊狼把猎物吓回洞穴，獾就可以用爪子挖穿洞穴。

* 獾和郊狼组成的"梦之队"在广阔的草原上狩猎，草原使獾和郊狼很难悄悄地跟踪猎物，它们的行动必须机敏迅速！

* 一起狩猎可以帮助郊狼和獾节省体力。它们的猎物（比如老鼠、土拨鼠和地松鼠）行动迅速，这就要求它们在捕猎时要分工明确，各司其职，以防止过度疲劳。

树懒和树懒蛾开睡衣派对有点儿牵强，但它们总在夜间一起行动！

实际上，我们生活在树懒的皮毛上，以它背上的藻类为食，在它的粪便里生宝宝！我们不能没有树懒。

叫我"行走的生态系统"吧！

我喜欢背着树懒蛾，越多越好！我们互相依赖。

树懒蛾有助于藻类在我的皮毛上生长，这听上去有些奇怪，但这是事实。藻类不仅营养丰富，还可以帮助我躲避捕食者！我真的很喜欢树懒蛾。

我们都赞同这种说法，树懒身上的藻类是最美味的食物，树懒的皮毛还能帮助我们躲避捕食者。树懒，我们爱你！

树懒和树懒蛾可食用藻类

有趣的事实

* 树懒蛾已经进化到把树懒当作"幸福之家"——它们只生活在树懒的皮毛上。

* 树懒每周从树顶的家爬下地面大便一次。树懒蛾会在树懒的粪便中产卵！

* 在这种关系中，树懒蛾受益颇多：有安全的庇护所（舒适的树懒皮毛屋）来躲避捕食者，有容易获得的食物（树懒的汗液和身上的藻类，幼虫以树懒粪便为食），有安全的场所来养育后代。

* 藻类既能帮助树懒伪装，又能充当树懒蛾的食物。

* 据统计，一只树懒的皮毛上会有100多只树懒蛾。树懒习惯夜间活动，树懒蛾便也随之而动，这才是盛大的夜间派对！

每周粪便（树懒蛾幼儿园）

树懒蛾，在我身上生宝宝吧！

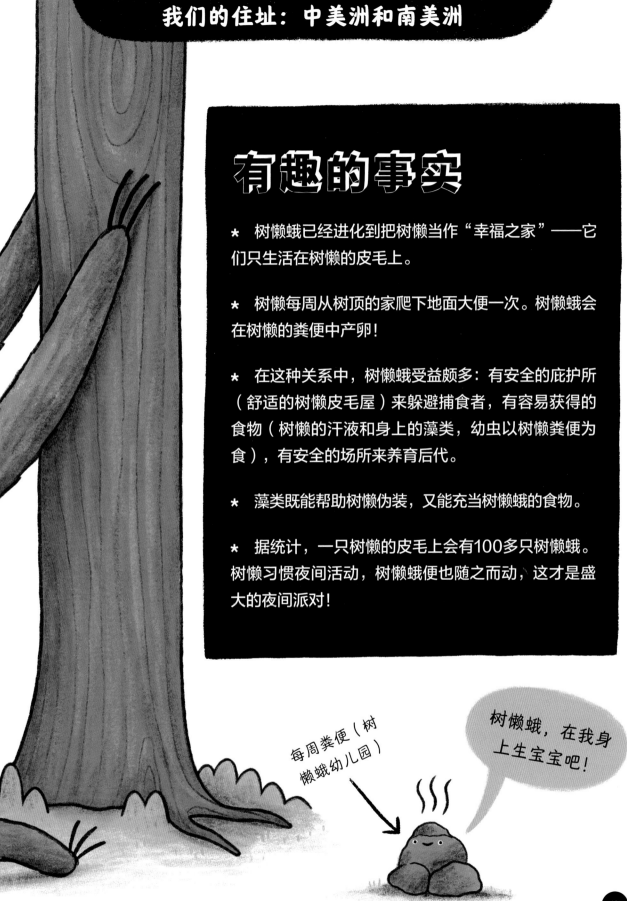

海鬣蜥和熔岩蜥蜴

野餐很棒！

嘿，熔岩蜥蜴，
这是什么美食？

流浪汉

美味的海藻
汽水

海藻派

这是你最爱的海藻派！
啊，你还记得！
当然！我知道你是坚定的素食者，所以苍蝇派是给我的。
我还找到了海藻汽水。真好喝！
苍蝇派
你真体贴。认识你很幸运。
兄弟，认识彼此我们都很幸运。开饭吧！

好吧，海鬣 (liè) 蜥和熔岩
蜥蜴并不在一起野餐。

我确实需要饥饿的你的帮助！

真的！我爱吃在你周围飞来飞去的苍蝇，
而你是不吃肉的食草动物。

有趣的事实

* 苍蝇在身边嗡嗡叫可不是什么令人愉悦的事！海鬣蜥是以藻类为食的食草动物，它们的周遭经常围绕着苍蝇，而体形较小的食肉熔岩蜥蜴会帮它们吃掉烦人的苍蝇。

* 熔岩蜥蜴不但吃苍蝇，还喜欢吃海鬣蜥身上的死皮。

* 科隆群岛的一座岛上有一种海鬣蜥，因为它们穿着红绿配色的衣服，所以也被称为"圣诞鬣蜥"。若你12月份来到这座岛上，会看到雄性海鬣蜥互相争斗的场面，因为那是海鬣蜥交配的月份！

身材娇小的食肉
熔岩蜥蜴

真的很感谢你！我不喜欢吃肉，喜欢吃海藻！真高兴你
能来保护我，这样我就不会被那些讨厌的苍蝇骚扰了！

不客气，兄弟。

大型食草海鬣蜥

啊，熔岩蜥
蜴！我还是
快逃吧。

19

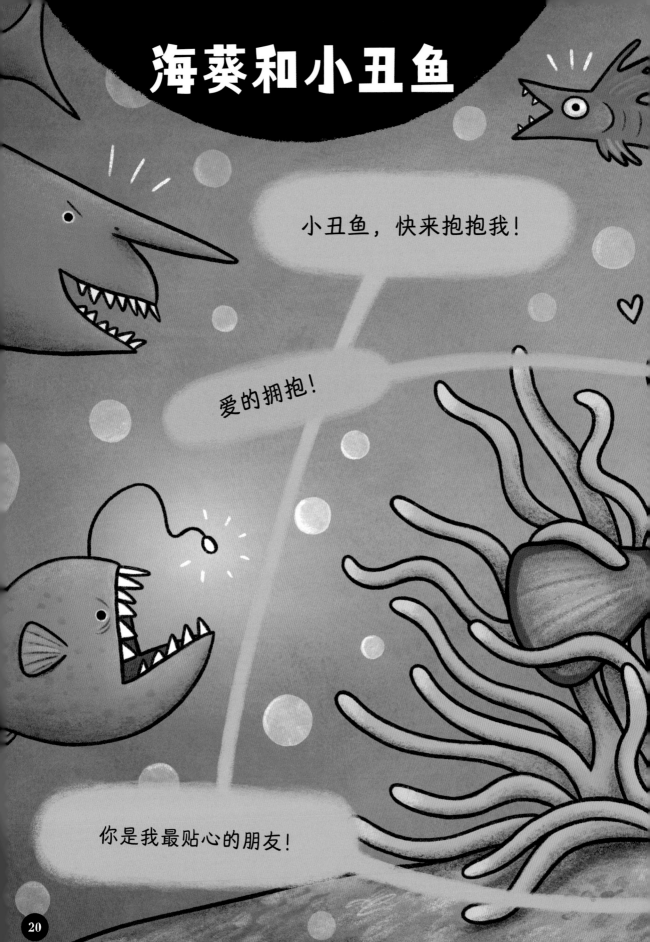

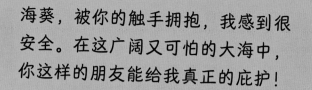

海葵，被你的触手拥抱，我感到很安全。在这广阔又可怕的大海中，你这样的朋友能给我真正的庇护！

兄弟，你也让我很有安全感。

好吧，海葵和小丑鱼并没有分享爱的拥抱，但它们确实有基于触摸的特殊关系！

我的朋友小丑鱼是不会被我的致命触手伤到的。

我是多么幸运啊，我可以住在海葵里！这是个能保护我的摇摇晃晃的家！

有趣的事实

* 海葵生活在海底，用带刺的触手（刺丝囊）吸引猎物。

* 通过表演特殊的"舞蹈"，小丑鱼对海葵的毒素产生了免疫！小丑鱼用身体的不同部位小心地触摸海葵的触手，吸收海葵分泌的黏液，在全身形成一层保护物质，使自己不被蜇伤。

* 一旦小丑鱼对海葵产生免疫力，海葵就会成为它们的"房东"，然后，小丑鱼会在海葵的怀抱里度过余生。对小丑鱼来说，海葵是永远的家，没有海葵，小丑鱼就无法生存。

* 小丑鱼以好斗著称，它们会勇敢地保护自己的"房东"海葵。作为回报，海葵会蜇伤任何试图靠近小丑鱼的生物。

* 小丑鱼是杂食动物，它们会清理海葵身上的寄生虫，还会寻找浮游生物、蠕虫、甲壳纲动物和藻类等。但它们不会冒险离开"房东"海葵太远。而海葵则会借着小丑鱼的自由出入吸引其他鱼类靠近！

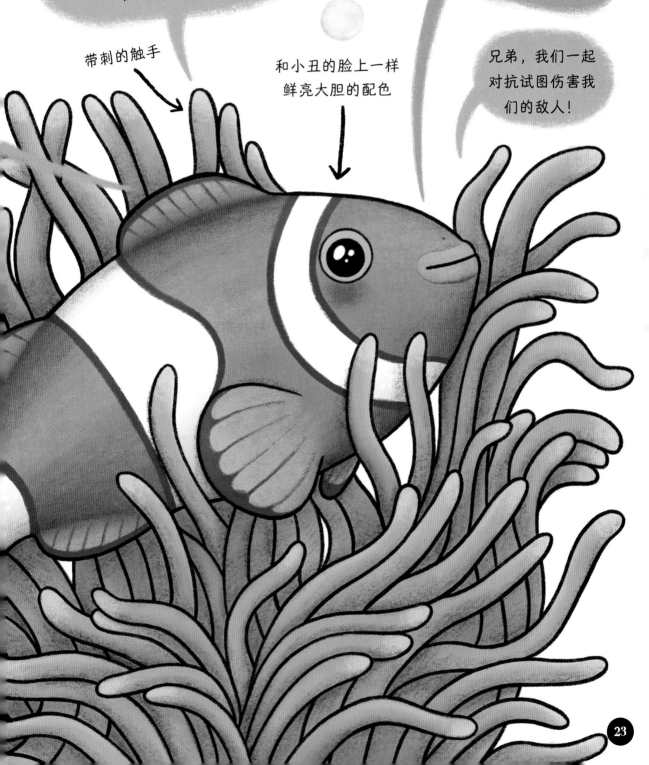

莎莉轻脚蟹和海狮

多美好的海滩假日啊!

虽然我不知道你是在哪儿找到的海藻味冰激凌,但是我真高兴你找到了!

沾满沙子的脚

我们有自己的食物来源。

沙堡小伙伴

海狮,你喜欢我堆的沙堡吗?

看起来真漂亮,堆得真好!

莎莉轻脚蟹和海狮可能不会一起堆沙堡或者吃冰激凌，但它们确实会一起在海滩上玩耍！

我最喜欢悠闲地在阳光下打盹儿，但有时我会被身上的虱子弄得难受……

我们就从这儿入手！

我们喜欢在海狮背上跑来跑去，用螯抓虱子，让海狮远离寄生虫！

幸运的是，我们发现这些寄生虫很美味！怎么说呢？真是得来全不费工夫……

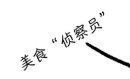

美食"侦察员"

扎人的脚

有趣的事实

* 在海滩上休息的时候，海狮会让莎莉轻脚蟹帮忙清理皮毛上的有害寄生虫和食物残渣。这可是莎莉轻脚蟹的免费大餐！

* 莎莉轻脚蟹和海鬣蜥也有类似的关系，莎莉轻脚蟹会清除海鬣蜥身上的寄生虫，借此饱餐一顿。

* 海狮和莎莉轻脚蟹已经完全适应了海岸线的生活。海狮在捕鱼时可以屏住呼吸长达20分钟；莎莉轻脚蟹可以用尖尖的腿抓住岩石，甚至在巨大的海浪冲击岩石时也可以紧紧抓住！

* 有传言称，莎莉轻脚蟹是以一位加勒比舞者的名字命名的。这是个能自圆其说的故事，因为莎莉轻脚蟹颜色鲜艳，动作敏捷，甚至可以通过跳跃来躲避捕食者！

我发现你们会把海滩打扫得干干净净，不留任何食物残渣！这让我拥有了广阔的海滩活动空间！朋友，谢谢你们！

别客气！呀，这儿有虱子，真好吃！

躺在海滩上的海狮

鹿和火鸡并不会一起踢足球，但是大家都知道它们的孩子会一起玩耍！

我们都是警戒心很强的物种，所以有共同语言！

我们会互相帮助。火鸡的视力很好，可以发现并提醒我附近有危险。

鹿也处于高度戒备状态！它依靠嗅觉感知危险。我们在一起会更安全！

另外，我们喜欢同样的食物，这有助于增进感情。

你再来点儿橡子吗？

好啊，谢谢！

有趣的事实

* 从加拿大南部到南美洲，人们经常能看到鹿和火鸡一起在草地、针叶林中吃草、活动。

* 人们还发现，幼鹿会和火鸡的孩子在一起玩耍！它们互相追逐、玩闹，真可爱。

* 不幸的是，鹿和火鸡都是猎人的目标，所以它们需要合作，保护彼此。鹿利用灵敏的嗅觉察觉危险，火鸡则借助出色的视力抢占先机。两者联合，能迅速察觉到猎人的到来，为双方争取逃命的机会。

* 火鸡的视力非常好，比人类的视力强3倍。火鸡的脖子非常灵活，让它可以360度无死角展开侦察。

美味的橡子

松鼠和飞鸟

我飞起来啦!

从这里看,一切都不一样了!

我有点儿害怕……

紧张的尾巴

松鼠,我会保护你的。我在巡视天空!

在地面上我有点儿提心吊胆，
在天空中我更自在。

我相信你。哇，所有东西看起来
都好小呀！我看见我的橡树了！

张开的鸟嘴

我很高兴你玩得开心。现在，
我们回去吃午饭吧！

松鼠和飞鸟并不会一起飞上天空，但它们会<u>照顾彼此</u>！

你会发现我们俩都会在树下闲逛、吃零食！我猜你会说我们的爱好非常相似。

在地面上，我是飞鸟的眼睛！飞鸟在觅食时非常容易受到攻击，所以我会在地面上密切注视捕食者。

在空中，我是松鼠的眼睛，我留意着天空中的捕食者。

原地结盟，共同行动！

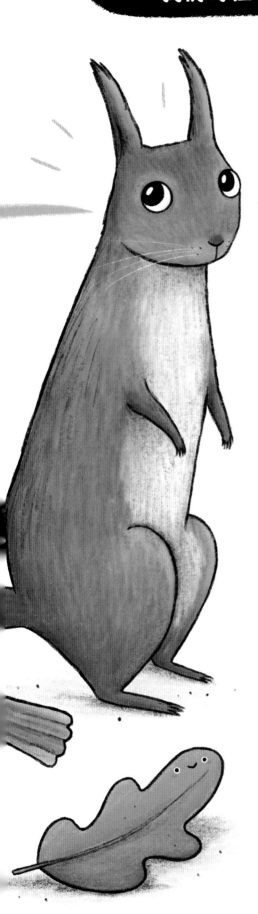

你会经常看到我们一起生活，分享餐桌上和餐具里的食物，这是我们之间达成的共识。

一切尽在掌握！

有趣的事实

* 松鼠对周围环境非常敏感，它们能察觉到非常细微的动作、声音和气味变化。

* 飞鸟依赖松鼠的警示，因为它们在地面上觅食时非常容易受到捕食者的攻击。

* 飞鸟的视力非常好，它们可以从很远的地方发现像鹰那样的捕食者。松鼠和飞鸟一样面临被鹰捕食的危险，所以它会密切关注飞鸟的行动和它们发出的预警。

* 松鼠和飞鸟都住在树上，而且松鼠的窝里会铺垫树叶哟！当它们中的一方搬走后，另一方就会搬进去住。多美好啊！

动物中的利用者与被利用者

我们是动物王国里的
利用者与被利用者！

　　在这一节中，你将会看到，有些动物会利用另一些动物，而那些被利用的动物却根本不知道。还有某些动物特别有天赋，它们会通过模仿另一些动物的声音、长相，或者仿建其住所等，让自己有所获益，而另一方也不受影响。

大西洋海雀和兔子

兔子，你把这里布置得这么好，我好喜欢！

舒适的洞穴

不速之客

大西洋海雀，谢谢你，但我记得我没有邀请你……

大西洋海雀并不会试着和兔子做室友，但它们确实住在兔子的洞穴里！

真的，兔子的洞穴很适合我居住！但我要等到洞穴空了才能搬进去。

没问题，反正我已经搬家了！

有趣的事实

* 大西洋海雀会搬进悬崖边的兔子洞，并在那里居住。虽然它们自己会挖洞，但是直接用废弃的兔子洞显然更省事！

* 大西洋海雀会与自己的伴侣终生相伴。它们每年回到同一个洞穴住4个月。它们的雏鸟很可爱！

* 大西洋海雀有时会把兔子踢出洞穴，这样做一点儿也不友好！

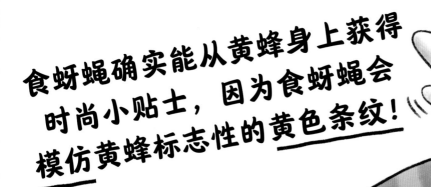

食蚜蝇确实能从黄蜂身上获得时尚小贴士，因为食蚜蝇会模仿黄蜂标志性的黄色条纹！

黄蜂的刺

我喜欢把它当成显眼的夹克！毕竟这也是为了我自身的安全。

捕食者如果误将我认作黄蜂，觉得我能蜇伤它们，就会远离我啦！

你知我知，我没有毒刺，我连一只苍蝇也伤害不了。

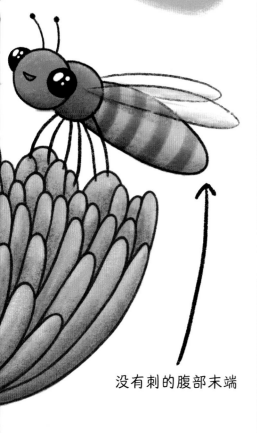

好兄弟，你不会蜇人，现在找到了非常巧妙的方法来保护自身安全！

没有刺的腹部末端

有趣的事实

* 食蚜蝇（有时也被称为"花蝇"）利用黄蜂的颜色来保护自己。食蚜蝇受益的同时，黄蜂也不会受影响。

* 尽管食蚜蝇和黄蜂看起来相似，但是在动物王国中，它们分别属于完全不同的目！

* 黄蜂体形稍大，比食蚜蝇多一对翅膀，眼睛较小。食蚜蝇的眼睛较大，喜欢在同一个地方盘旋！

* 与黄蜂不同，食蚜蝇不会蜇人，完全无害。食蚜蝇没有毒刺来防御，只好模仿黄蜂的样子。这样，捕食者会误将它认作黄蜂，怕它蜇伤自己，就会远离它！

* 食蚜蝇和黄蜂都对生态系统非常有益。它们既能为花园中的花朵授粉，还能控制可恶的蚜虫的种群数量。

谢谢你们和我们做朋友！

寄居蟹和海螺

我梦想中的家是个可爱的海螺壳。

哇，真酷！你梦想中的
生日派对是什么样的？

我的生日派对将是一
场盛大的螺壳庆典！

我就知道你会这样说……

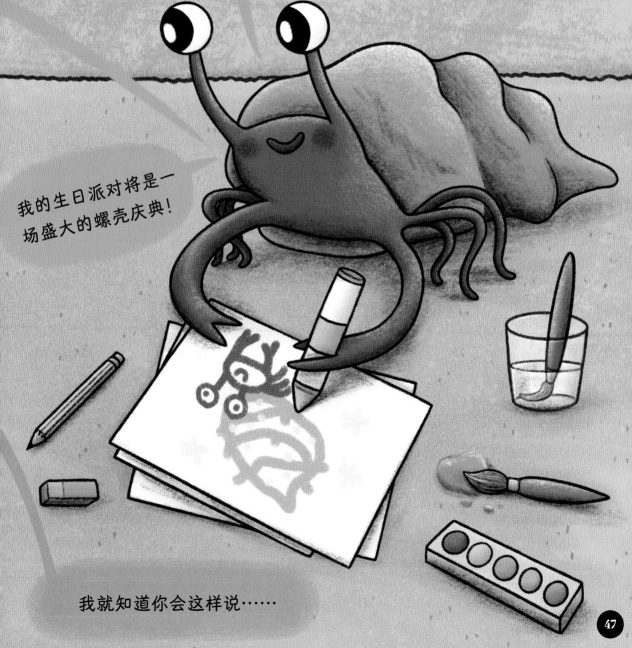

寄居蟹不会和海螺一起画画，但寄居蟹确实搬进了海螺壳里！

海螺，我会搬进你的壳里，但是只在你不再需要螺壳的时候。安息吧，小伙伴！

我想我时日不多了。

请放心，你的螺壳已经被我回收再利用了！

真好！螺壳没被浪费掉，我很高兴。那真是个漂亮的螺壳！

二手海螺壳

我同意！我在新家很开心。你给我留下了宝贵的礼物！

啊，太可爱啦！

依依不舍的海螺

有趣的事实

* 寄居蟹不是真正的螃蟹，大多数寄居蟹的身体十分柔软，非常脆弱。

* 海螺死后会把坚硬的螺壳留在海床上。然后，寄居蟹发现自己的身体能塞进螺壳，它便把螺壳背在背上！

* 随着寄居蟹的成长，它必须不断地更换螺壳，以保证能让它藏身其中。

* 发现大号螺壳的时候，寄居蟹会按照大小顺序排列，并且会和同伴交换螺壳，这样每只寄居蟹就都有了适合自己的家！

* 不幸的是，寄居蟹会把遗留在海边的垃圾，比如瓶子、罐子、塑料管当作螺壳。所以，我们必须要爱护环境，让海滩保持干净！

动物中的敌人

我们是动物王国里的敌人！

在动物王国还有一些动物，彼此之间简直就是敌人（有的物种对一个物种真的天生有敌意）。它们中的一方会吃另一方的食物，搬进另一方的家，甚至强迫另一方抚养它们的孩子！

肯定有危险，我要离开这里！

卷尾鸟和灰沼狸

嘿，灰沼狸！

你刚才看见天空中的那只鹰了吗?

鹰？你说什么?

披着灰沼狸衣服的卷尾鸟

啊哈，你可能想钻进地洞逃跑。

别上当，马特！它是卷尾鸟，它就是想偷走你的午饭。

起了疑心的"哨兵"

别傻了，我和你一样是灰沼狸！

灰沼狸马特

刚刚抓到的蝎子

马特先生，别让它把我偷走！你是光明正大逮住我的！

53

卷尾鸟不会打扮成灰沼狸，但它确实会<u>模仿</u>灰沼狸，偷走灰沼狸的<u>食物</u>！

有趣的事实

* 卷尾鸟会在危险临近（比如老鹰来袭）时向灰沼狸发出警报，以此来赢得灰沼狸的信任。但是，当周围没有危险的时候，卷尾鸟也会发出警报，这样它就可以趁着灰沼狸逃走躲起来的时候偷走它们的食物，如此又破坏了它们对它的信任。

* 灰沼狸很快就看穿了这个把戏，所以卷尾鸟会使出更狡猾的办法。卷尾鸟学会了灰沼狸在遇到危险时发出的特殊叫声，并且不断重复。灰沼狸被叫声欺骗，以为是其他灰沼狸发现了危险就逃走了。然后，卷尾鸟就可以尽情地偷灰沼狸的食物了！

* 灰沼狸的爪子特别锋利，专门用来挖食昆虫幼虫。灰沼狸还能咬掉蝎子的毒刺，这样吃起来更方便。这对卷尾鸟来说可是额外的收获，因为卷尾鸟自己无法获得这些食物。灰沼狸抓的虫子比卷尾鸟自己抓住的虫子更有营养。

* 卷尾鸟是动物们公认的"卑鄙大王"，因为它也用这样的把戏欺骗其他动物，连织巢鸟也不放过！

啊！

我听到其他灰沼狸发出的警报了！！

肯定有危险，我要离开这里！

奔向地洞的灰沼狸

哈！

如你所见，动物王国里的各种奇妙关系远比我们看到的要复杂，常有很多戏剧性的事情发生！

好戏可多啦！

在动物王国，不同的动物之间，它们有时相处融洽，有时真的会激怒对方。

我飞起来啦！

松鼠，我会保护你的。我在巡视天空！

无论动物间是和平相处，还是一方利用另一方，又或者是一方伤害另一方，这些都对地球生态系统的平稳运行和健康发展至关重要。

注：本书所有插图是卡通示意图，不做实际参考。